DU PHÉNOMÈNE DE LA LOCOMOTION

MEAUX. — IMPRIMERIE JULES CARRO

DU PHÉNOMÈNE

DE LA

LOCOMOTION

DE SON EXAMEN

Au point de vue du Mouvement Physique

Oui ! tout parle dans l'univers,
Il n'est rien qui n'ait son langage.

(*La Fontaine.*)

2ᵉ ÉDITION

ORDRE DES DIX-SEPT CHAPITRES

—

(Toute traduction réservée)

Du Phénomène de la Locomotion

I" CHAPITRE

DU GRAND ORDRE PHYSIQUE

NOTRE PROGRAMME

Dans la pensée de l'auteur, le but à atteindre est de bien faire comprendre surtout que la *substance matérielle, ne pouvant rien par elle-même*, a pour seule mission, par sa présence visible et tangible, d'être révélatrice à nos sens, de toutes les merveilles de *la création*.

Il fallait aussi, définir d'une manière saisissable, autant que possible, *le mouvement d'ordre physique* qui, ainsi qu'il en est de tous les phénomènes, appartient à Dieu.

Cet opuscule a *pour base* l'étude raisonnée *du principe* de la physique expérimentale, appliquée à toutes choses, avec points d'appui, visibles, tangibles, saisissables.

C'est par l'action des corps *dits inertes, mis hors d'équilibre,* que se révèle visiblement le mouvement *d'Ordre Physique.*

Le mouvement physique est l'auxiliaire indispensable dans le phénomène, si merveilleux, de la *Locomotion des Êtres à Organes locomoteurs.*

Le moyen d'utiliser, en constructions mécaniques et à volonté, le *mouvement physique,* a été mis au pouvoir de l'homme *dès le premier jour.*

———

Avec l'application (à tout véhicule) des *Essieux à double excentrique* on obtient facilement le mouvement continu de progression à *extension soutenue.*

IIe CHAPITRE

DE L'INERTIE

L'inertie est l'état d'un corps (non doué d'organes actifs), maintenu au repos, *par l'action* constante de la puissance d'attraction, dont le mouvement est accidentellement empêché par un obstacle, tous les corps étant constamment sollicités vers le centre de la terre.

Tout ce qui est dans la nature, subit fatalement et constamment l'influence secrète du *mouvement physique*.

III° CHAPITRE

AVANT TOUT

Avant tout, il est indispensable de s'entendre sur la valeur et la signification des mots non encore usités.

Par cette dénomination :

Le Mouvement Physique,

nous entendons résumer l'effet de la pesanteur d'abord, puis l'effet de toutes les attractions multiples, de toutes les influences secrètes, constantes et absolues, qui exercent leur action *invisible*, sur la *substance matérielle visible*.

. . . .

point d'appui de tous les phénomènes qui se produisent d'après l'ordre immuable.

IV° CHAPITRE

DU MOUVEMENT PHYSIQUE, AUXILIAIRE ET ANTAGONISTE

Le *mouvement physique* se produit tout naturellement par le seul déplacement du poids.

Au mot : *mouvement physique*, nous ajoutons
parfois, plus ou moins actif.

Ce mouvement est d'autant plus actif, que
les plans du corps sont plus inclinés.

*Ce mouvement se modère, se ralentit, puis
s'arrête*, dès que les plans du corps reprennent
progressivement *la position verticale*.

Remarquons bien que : le *mouvement physique* est constamment *auxiliaire et antagoniste*, dans le phénomène de la locomotion.

Puisque (en prenant l'exemple sur nous
même), pour déterminer, accélérer, précipiter
la marche, il suffit d'incliner le haut du corps
en avant, plus ou moins, puis : pour modérer,
ralentir, arrêter ; agir inversement, en incli-
nant, un peu par degré, le haut du corps en
arrière.

V° CHAPITRE

Le mouvement d'ordre physique est l'auxiliaire indispensable, dans la locomotion des êtres à organes locomoteurs.

———

La locomotion des êtres à organes locomoteurs, quel admirable phénomène !

Quelles en sont les causes ?

Trois ordres de choses concourent à la locomotion de l'être organisé, c'est-à-dire :

Trois ordres de choses sont causes dans le phénomène de la *translation d'un corps par lui-même, d'un lieu en un autre.*

1° La volonté (1) qui commande et imprime son action à la contraction musculaire ;

2° La contraction musculaire, qui exécute, mécaniquement, tous les mouvements indispensables, pour l'acte de la locomotion,

(1) *Action de vouloir* chez les animaux.

(Préparant ainsi le mouvement de translation, qui est *d'Ordre physique*);

3° Le mouvement physique qui, ayant le
pouvoir d'être *plus ou moins actif*, selon les
attitudes si variées, prises par le corps, devient : *par son effet des plus absolus*, le véritable régulateur, dans le phénomène *de la
locomotion*.

VI° CHAPITRE

DU VOULOIR CHEZ LES ANIMAUX

L'effet du *mouvement physique* se produit pareillement et constamment sur *tous les corps* quels qu'ils soient d'ailleurs, animés ou non ; il fallait donc généraliser cet effet sur tous les êtres à *organes locomoteurs*,

A cause de cela, quelques observations sont indispensables, sur le mot *volonté*.

Si les animaux à *organes locomoteurs*, ont naturellement le *pouvoir* de se transporter, *par eux-mêmes, d'un lieu en un autre* (ce qui est incontestable), ils doivent posséder aussi le don de *le vouloir*.

C'est ici que nous apparaissent les merveilles de la création.

Chez les animaux, *le vouloir a sa limite d'ordre immuable,* aussi bien que *le pouvoir, dans leurs actes.*

Prenons, dans la famille des bipèdes emplumés, cet exemple à l'appui :

Il est certain qu'un pinson ne fera jamais son nid autrement que les oiseaux de son espèce, de même l'hirondelle, la colombe, etc., etc.

L'action de *vouloir*, aussi bien que l'action de *pouvoir*, est, chez les animaux, limitée à leurs besoins.

Le créateur a merveilleusement renfermé chaque espèce, dans des *attributs particuliers*, d'où résulte que la confusion ne peut jamais se produire.

VIIe CHAPITRE

NOTRE CROYANCE

Le repos n'est qu'une abstraction,
C'est quelque chose d'imaginaire,
Qui n'existe pas,

J. Mignon (1841).
(De la mécanique animale.)

En ouvrant ce petit volume, que l'on veuille bien ne pas se méprendre sur nos intentions.

Ce travail est le résultat de quarante ans d'observations réfléchies et d'applications expérimentales.

C'EST LA NOTRE SEULE SCIENCE

Notre prétention est de faire connaître une étude de recherches intéressantes, provoquées en nous, par une croyance innée.

Nous croyons fermement que :

Dans l'ordre général, universel, le mouvement est partout, le mouvement est dans tout.

Que : les corps, non doués d'organes actifs, dont la matière est mue par la seule force *d'Ordre Physique*, ne sont à l'état de repos apparent que par la *cause accidentelle* d'un obstacle matériel, opposé au mouvement physique *toujours actif*; mouvement dont l'effet se produit jusqu'au centre de notre globe.

Le mouvement physique domine constamment, et au même degré relativement, tous les corps organisés pour la locomotion, aussi bien que les corps dits inertes.

CETTE FORCE UNIVERSELLE

Le mouvement physique, est aussi et ainsi, le régulateur naturel et constant du mouvement organique. (Voir, à ce sujet, le chapitre de la chute involontaire).

Nous savons peu résister à l'admiration pour les belles choses, qui ont le don de réchauffer le cœur.

Tout en écrivant ces mots, nous sommes sous l'influence d'une réminiscence incessante, et comme cette pensée est très-voisine du sujet que nous traitons, nous la reproduisons ; bien persuadé d'être agréable au plus grand nombre.

Quoi ! l'univers dans sa magnificence,
Ne serait qu'un tombeau sanglant ;
Et la route de l'existence,
Aurait pour terme le néant.

La mort est un affreux mensonge,
La vie est la réalité,
L'agonie est un triste songe,
Dont le réveil est l'immortalité. (1).

(1) Voir *Dieu, l'Ame et la Nature*, page 2i (2ᵐᵉ édition), par M. le docteur Piorry.

VIIIᵉ CHAPITRE

DE LA SUBSTANCE MATÉRIELLE

POINT D'APPUI RÉVÉLATEUR DE TOUS LES PHÉNO-
MÈNES QUI SE PRODUISENT DANS
L'ORDRE UNIVERSEL

Dieu a créé la *substance matérielle*, pour servir d'appui aux forces invisibles que régit sa toute puissance, et, par ce moyen, dévoiler à nos sens les *merveilles de la création*, et révéler à notre raison, dans une certaine mesure, les causes saisissables de quelques phénomènes.

Dans l'ordre universel, tout est phénomène !

La substance matérielle qui obéit à tous les courants, dont la force est supérieure à celle du corps qu'elle représente, ne peut rien par elle-même ; mais, cette substance visible, tangible, étant point d'appui de toutes les forces invisibles, immatérielles ; de toutes les in-

fluences secrètes d'ordre physique, le mouvement est, par ce fait, communiqué physique-
ment *à tous les corps.*

La substance matérielle qui, dans *un sens
métaphorique*, parait *être tout* par elle-même,
ce qui est inadmissible, a pour mission, par sa
présence visible, d'être avant tout, révélatrice
de tous les phénomènes qui se produisent par
l'action de la toute puissance.

On peut dire que : par sa présence indispensable, la substance matérielle vient révéler
à notre raison et à nos sens, les merveilleux
effets du mécanisme de nature invisible, qui
régit l'univers.

Ne repoussons pas la réminiscence de cette
pensée si bien formulée :

> A nos yeux, vainement la nature apparaît,
> OEuvre immense infinie......,
> Dont une main divine a créé l'harmonie,
> Elle étale sa gloire et garde son secret.
>
> *(De Roméo et Juliette).*

Par la dénomination, *mécanisme de nature*

invisible, qui est d'ordre divin, il faut comprendre les causes physiques, telles que : la pesanteur d'abord, et surtout ; puis les attractions mulitples, les influences secrètes, constantes et absolues, qui concourent à produire tous les phénomènes.

En un mot :

Il faut comprendre tous les effets d'où résulte la rigueur absolue des lois qui régissent l'univers, lois que rien ne peut ni amoindrir, ni modifier.

La physiologie dit ceci : (1)

Ce n'est pas la matière qui vit, des forces vivent dans la matière, et la meuvent, et l'agitent, et la renouvellent sans cesse.

(1) Voir *De la Vie et de l'Intelligence,* par P. Flourens.

IX' CHAPITRE

DU PHÉNOMÈNE DU POIDS

LE MOUVEMENT, LE POIDS, LA FORCE

De tous les phénomènes qui se produisent à notre portée, par l'effet des influences secrètes, le phénomène insaisissable *du poids*, 'est assurément le premier qui nous apparaît.

Ce phénomène se prouve à notre raison, par la déduction des faits.

La substance matérielle, formée de molécules, en quantité plus ou moins considérable, selon le corps qu'elle constitue et représente, subit *fatalement*, dès sa formation, l'action d'influences attractives qui la régissent constamment

D'après les idées émises et acceptées par la science, le phénomène du poids peut être expliqué très-clairement, et en peu de mots :

Substance matérielle, point
d'appui visible . . . . . Un
Action immédiate et cons-
tante de la puissance d'attraction invisible sur cette substance. . . . . Deux

Le poids.

Le phénomène du poids est ainsi, la révélation toute naturelle, de la force d'ordre physique.

Par l'action immuable de l'attraction sur la
matière, il y a mouvement, il y a poids, il y a
force.

Nous avons dit :

La matière obéit à tous les courants, dont la
force est supérieure, etc., etc.

Or, la force que peut opposer, aux divers
courants, la matière qui est poids par l'action
d'influences secrètes, est illimitée, puisqu'il
suffit d'accroître le volume de matière du corps
qu'elle représente, et que, ce volume de matière, de nature plus ou moins dense, peut être
augmenté à volonté.... et à l'infini.

A ce sujet reproduisons la phrase qui se trouve au premier feuillet de ce livre.

Le moyen d'utiliser en constructions mécaniques et à volonté, le mouvement physique, a été mis au pouvoir de l'homme dès le premier jour.

Ce fait sera parfaitement compris et reconnu après examen des véhicules, dont la construction repose sur les lois de l'inéquilibre.

Quant aux effets, plus ou moins appréciables, des influences secrètes, il nous faut être très-discret ; et puisque, au-delà du tangible, notre nature ne peut que supposer, allons donc de suppositions en suppositions, jusqu'à ce que des *révélations précises*, d'un autre âge d'or, plus ou moins futur, viennent soulever le voile assez épais, qui nous sépare encore de la nature invisible.

Par son affinité aux forces invisibles, la substance matérielle, *sans être cause,* est assurément l'auxiliaire indispensable pour la révélation à nos sens :

1° *Du mouvement apparent ;*

2° *Du phénomène du poids ;*

3° *De tous les phénomènes qui se produisent dans l'ordre universel.*

X° CHAPITRE

DU LIEN INVISIBLE

> Si l'homme est lié à tout, n'y a-t-il rien
> au-dessus de lui, à quoi il se lie à son tour ;
> s'il est le terme des *transmutations* inexpli-
> quées, qui montent jusqu'à lui, ne doit-il
> pas être le lien entre la nature visible et une
> *nature invisible*.
>
> (H. DE BALZAC, *Études philosophiques*).

Il faut bien reconnaître que :

Dans l'ordre naturel, général, universel, les
phénomènes du mouvement, et des mouvements divers, se produisent, par l'action constante de forces invisibles, immatérielles, sur la
substance matérielle, forces insaisissables par
nos sens, mais que nous pouvons et devons
déduire des faits.

Nous en tenant aux effets appréciables, et
laissant planer au-dessus de nous, l'ordre de
choses qui domine tout, nous disons :

Dans la locomotion de l'être organisé, la volonté (1) détermine le mouvement apparent, qui
met en jeu le mécanisme organique, par l'effet
de la contraction musculaire.

Ce mécanisme exécute d'abord tous les mouvements mécaniques indispensables, qui pré-
parent l'être organisé à la locomotion. C'est-
à-dire : au phénomène de la translation du
corps par lui-même, d'un lieu en un autre.

C'est alors que se révèle à nos sens, à notre
raison, l'action du lien invisible, *effet physique
actif*, force qui détermine la locomotion, et
donne à l'être, doué d'organes locomoteurs, le
pouvoir de se transporter d'un lieu en un autre
selon sa volonté, et aussi la faculté de déterminer, accélérer, précipiter, modérer, ralentir et arrêter sa marche.

L'effet physique actif, s'exerçant constamment sur des plans plus ou moins inclinés,
selon *les attitudes prises par le corps*, est tout
à la fois auxiliaire et antagoniste, comme il est

(1) Action de vouloir chez les animaux.

aussi le véritable régulateur, dans le phénomène du mouvement organique.

Sans ce lien invisible, dont *l'examen n'a pas
été approfondi,* en dépit de la contraction musculaire la plus énergique, l'être organisé ne
pourrait franchir le cercle étroit occupé par le
volume de son corps.

En d'autres termes :

Le mécanisme organique qui donne à l'être
doué d'organes locomoteurs le pouvoir du mouvement sur place, c'est-à-dire : la faculté de
soulever par lui-même, selon sa volonté, les
membres, et de remuer le corps, sur place seulement, ne peut seul, *(le mécanisme organique),
lui donner le pouvoir de faire un pas ;* ce pouvoir appartient au mécanisme de nature invisible, et d'ordre divin, dont l'influence secrète régit l'univers.

Tel est le thème que nous aurons à dévelop-
per dans un ouvrage plus étendu.

XI° CHAPITRE

DE LA PUISSANCE D'ATTRACTION

ET DE LA CONTRACTION MUSCULAIRE

Afin de faire bien comprendre, dès le début, l'idée qui domine ce travail, nous ajoutons à cet exposé très-succinct, qui n'est *qu'une préface,* l'exemple de la chute involontaire en marchant ; mais avant tout, il ne faut pas oublier que : pour rendre régulier, facile et actif, l'*acte locomoteur,* la contraction musculaire, par l'effet de la volonté, doit surtout utiliser sa force, en changeant seulement, constamment, la position des plans du corps.

Par ce moyen, dans la distance à parcourir, la fatigue contractive sera, certes, beaucoup moindre, la plus grande part du travail de direction reposant dès lors : sur l'*effet physique* qui, on peut le dire en toute assurance, est infatigable.

Ne perdons pas de vue que :

Pendant la marche, la sécurité devant être complète, il faut que l'inclinaison des plans du corps ne dépasse pas une certaine *mesure maximum,* mesure réglée par l'habitude, et que nous pourrons aussi donner mathématiquement.

Souvenons-nous bien que :

La contraction musculaire est fatalement limitée dans sa force, et que : la puissance d'attraction d'ordre universel est sans limite.

Puis aussi, et surtout que :

Le plus grand des bienfaits, la vie, est constamment *aidée et menacée,* par le mouvement *d'ordre physique* dont les lois sont immuables.

Dans l'intérêt de sa conservation il faut, en marchant plus ou moins vite, que l'attention et le raisonnement soient aussi constamment en éveil ; ce que nous recommandons en particulier aux personnes qui désirent vivre longtemps.

Les accidents provoqués par l'action de la

force d'ordre physique, *les chutes,* sont toujours assez graves, souvent mortelles.

D'après l'organisation physiologique, *l'appareil organique* de la locomotion a pour point d'appui la *substance matérielle,* qui est de prime abord à l'état passif, puis aussitôt livrée à deux forces invisibles de nature bien différente ; puisque, sur cette matière, *sans action par elle-même,* agissent constamment et l'effet contractif d'ordre mécanique et l'effet physique actif d'ordre général.

Voilà la substance matérielle entre deux puissances qui l'enserrent de toutes parts, la puissance attractive et la contraction musculaire, la voilà, pour ainsi dire, prisonnière, complétement soumise, et au pouvoir de deux effets qui se combattent parfois, ou se combinent, au besoin, pour lancer le corps, accélérer, ou modérer la marche, puis l'arrêter.

La substance matérielle a ainsi pour mission d'être seulement point d'appui tangible.

Mais les puissances actives, de nature invisible qui la régissent constamment, sont d'un ordre de choses tout différent ;

Ici, il faut que notre superbe nature veuille bien s'incliner et le reconnaître, par l'exemple que nous donnons sur *la véritable cause* qui détermine et résume *la chute* d'un corps, quel qu'il soit !

Ne terminons pas sans faire ressortir ce fait, que :

Pour les corps dits inertes, c'est-à-dire *non doués d'organes actifs,* comme les métaux, la pierre, etc....

La matière qui les représente subit l'impression des influences secrètes, du grand ordre physique seulement, et que :

Pour les corps *à organes locomoteurs,* la matière qui les constitue, tout en étant *fatalement soumise* à ce *premier et même effet, ainsi que nous disons,* est, en outre : *sollicitée activement par l'action du mécanisme d'ordre organique.*

A la fin de ce chapitre, cette belle pensée de
Lafontaine peut être reproduite utilement.

. . . .
. . . . je vois l'outil
Obéir à la main ; mais la main qui la guide ?
Eh ! qui guide les cieux et leur course rapide ?
Quelque ange est attaché peut-être à ces grands corps,
Un esprit vit en nous, et meut tous nos ressorts.
L'impression se fait, le moyen je l'ignore ;
On ne l'apprend qu'au sein de la divinité !

XII° CHAPITRE

DE LA CHUTE INVOLONTAIRE

EN MARCHANT

Dans la chute involontaire en marchant, l'organisation mécanique, qui doit régler les *diverses positions du corps*, dépassée dans sa force *par l'inéquilibre*, devient aussitôt sujette de la puissance d'attraction.

Parce que :

L'équilibre des plans offerts par la forme du corps, *à l'effet attractif*, étant rompu, la *substance matérielle* qui est aussi *point d'appui de l'organisation* musculaire, *dont la mesure de force est alors dépassée*, reste complétement au pouvoir de la *puissance* sans limites (1) d'ordre général, qui domine constamment, détermine, régit, et termine *tout mouvement de locomotion*.

(1) La puissance d'attraction.

Il est par cela, bien démontré que, dans la chute, *l'effet physique actif*, s'exerçant sur le corps dont les plans sont alors, *trop inclinés*, cette force universelle et sans limites, domine quand même *l'effet contractif*. Cet effet dernier, étant fatalement limité dans sa puissance, on peut dire que :

Dans la marche de l'homme et des animaux, la substance matérielle sur laquelle le *mécanisme musculaire* est, pour ainsi dire, *rivé*, se *trouve être* entièrement au pouvoir de *deux puissances inégales en force* :

L'une, *le mécanisme organique*, limité dans ses effets ;

L'autre *l'effet physique actif*, invisible, dont la puissance est illimitée, et appréciable par le fait accidentel, qui se produit visiblement, *la chute involontaire*.

XIIIe CHAPITRE

SUR LA CHUTE INVOLONTAIRE

Il faut bien croire ceci :

Si, dans l'acte locomoteur de l'*être organisé*, la puissance qui détermine, modère, ralentit, arrête, appartenait à l'action musculaire seulement, la chute *ne serait jamais involontaire*.

Mais il faudrait, avant tout, pour cela, que la force de contraction des muscles, *fût sans limites*, (ce qui n'est pas).

Dans l'exemple, ci-dessus donné, il est, nous le pensons, facilement démontré que : le mouvement physique, alors *très-actif*, exerçant sans limites, son action sur des plans trop inclinés, est la principale cause dans le fait accidentel de : *la chute involontaire.*

XIVᵉ CHAPITRE

DES ÊTRES A ORGANES LOCOMOTEURS

AU POINT DE VUE DE LA LOCOMOTION

Le mouvement physique qui, ainsi qu'il en est de tous les phénomènes, appartient à Dieu, a été mis au pouvoir de tous les êtres *organisés pour la locomotion*. Ce mouvement, qui est *d'ordre général*, est le complément indispensable de *l'appareil locomoteur*, (d'ordre organique).

Tous les êtres organisés pour la locomotion, ont, non-seulement la faculté de se transporter par eux-mêmes *d'un lieu en un autre*, mais ils ont aussi de plus *l'avantage de la volonté* (1). Ceci est une règle générale sans exception.

Le cheval marche, trotte, galoppe, se cabre, lance des ruades, s'emporte, *selon sa volonté*.

_____

(1) Action de vouloir chez les animaux.

Le chien caresse son maître, mord l'importun, franchit les obstacles, *d'après sa volonté*.

Les bipèdes, les quadrupèdes, solipèdes et didactyles, les habitants de l'air, qui se jouent dans l'espace, les habitants de l'onde se glissant silencieusement sous les eaux, les rampants qui se contractent sur eux-mêmes, *se dirigent tous*, vers tel ou tel point, selon leur volonté. Action de vouloir chez les animaux. (Voir le chapitre VI').

Donc :

Ainsi que nous le disons au début :

Le *mouvement organique* est le révélateur saisissable de *l'effet actif*, de la volonté sur l'appareil locomoteur, de même que le mouvement *d'ordre physique* est, on peut dire, le fait *accompli visiblement* sur la substance matérielle, *par l'action* de la *puissance* d'attraction.

C'est ce dernier mouvement mis, par le créateur, au pouvoir de tout être organisé pour la locomotion, *qui le complète*.

Mettons en présence *ces deux mouvements,*
les seuls qui nous soient utiles, dans l'étude
des recherches que nous nous sommes impo-
sées.

Voyons en quoi ils diffèrent :

Ces deux mouvements ont le même *point
d'appui tangible.*

C'est-à-dire que : là *substance matérielle*
est en même temps et diversement sollicitée par
deux puissances *invisibles.*

Dans le même corps organisé :

La matière obéit au mouvement organique ;

La matière obéit au mouvement d'ordre
physique.

Ce qui a fait écrire à M. J. Mignon (1841)
dans son ouvrage sur la *mécanique animale :*

« Le repos n'est *qu'une abstraction,*

« C'est quelque chose d'imaginaire, (qui
n'existe pas). »

Dans le *mouvement organique, le repos* est
très-incomplet, en dehors de la veille, même

lorsque le corps sommeille, le repos n'est jamais d'une *rigueur absolue*.

Quant au mouvement *d'ordre physique*, il est *toujours en action*. C'est par lui, surtout, que le repos *n'est qu'une abstraction*; en effet, ce mouvement qui se produit par l'effet de la *puissance d'attraction*, (1) sur les plans de tous les corps, quel que soit d'ailleurs, *leur degré d'inclinaison*, ne peut jamais *être à l'état de repos*, lors même que le plan d'un corps *est exactement vertical*, (ce qui paraît être l'état passif), le mouvement subsiste, il n'est que suspendu, empêché par l'obstacle d'un corps, *plus ou moins dense*, plus ou moins *difficile à pénétrer*.

D'où résulte que :

Toutes les constructions qui couvrent la terre, sont autant d'épée de Damoclès menaçant le centre de notre globe.

Si, par un effet fortuit, les bases manquaient,

(1) Puissance constamment en action.

quel magnifique mouvement (d'ordre physique)
au suprême degré pour l'*observateur* attentif. (1)

Ici, le mouvement physique qui se produit,
même sur le plan des corps à l'état perpendi-
culaire, *est facile à démontrer.*

Les murs qui se crevassent, les pyramides
qui prennent du hors d'aplomb, la pierre de
taille qui, placée sur un terrain ameubli, laisse,
après quelques jours, *une empreinte profonde,*
sont des preuves évidentes du travail, et par
cela du mouvement continu qui se produit sans
relâche, même *à l'état inerte*, ainsi qu'on le dit.

Ne faisons pas de contre-sens en disant, pour
ce dernier effet, *mouvement passif,* non ! disons
que :

Le mouvement physique qui *produit le
poids* (2), et par cela la force, est plus ou moins
actif, même dans le repos apparent, et rempla-

(1. Nous supposons, bien entendu, que cet observateur ayant
l'instinct de sa conservation, se maintiendrait prudemment *sur le
solide* aux bords des fondations.

(2) Par l'action constante de la puissance attractive sur la matière.

çons le mot *force inerte*, par l'expression plus rationnelle : de force d'ordre physique, *force acquise par le poids*. Le poids, (qui au point de vue de la *physique mécanisme actif invisible*), est la base de toutes choses.

Nous appelons l'attention de chacun sur les effets du *mouvement physique actif,* que nous devons définir d'une manière catégorique en disant que :

Ce mouvement, qui est *mis au pouvoir* de tous les êtres organisés pour la locomotion, vient dévoiler, en partie, le mystère si intéressant de la translation du corps *par lui-même,* d'un *lieu* en un *autre.*

Nous disons : (qui est mis au pouvoir) ce pouvoir se manifeste visiblement par l'action du *mouvement organique,* qui doit toujours, d'après la volonté, régler exactement les diverses attitudes du corps.

Glorifiant Dieu de toutes choses ! nous terminons ce chapitre en disant, sans hésitation :

La volonté, (1) le mouvement organique, le mouvement physique (plus ou moins actif), *complètent* les êtres à organes locomoteurs, au point de vue de la locomotion.

Quelle merveilleuse réunion de *facultés,* mises au pouvoir des créations privilégiées.....

En un mot, quelle sublime et incompréhensible trinité !

(1) Action de vouloir chez les animaux.

XVᵉ CHAPITRE

EN RÉSUMÉ :

En résumé, la volonté (1), le mouvement organique, le mouvement physique (plus ou moins actif), complètent les êtres à organes locomoteurs, au point de vue de la locomotion.

La volonté détermine l'action du mouvement organique.

Le mouvement organique, par *l'effet* de l'inclinaison des plans du corps, sollicite constamment l'action du *mouvement physique, cause auxiliaire indispensable,* pour la translation d'un lieu en un autre, des corps à organes locomoteurs.

Telle doit être, dans l'ordre naturel, la *génération des moteurs,* plus ou moins visibles, plus ou moins saisissables à notre nature.

(1) Action de vouloir chez les animaux.

XVIᵉ CHAPITRE

UNE SIMPLE REMARQUE

Si en physique (et comme expérience), il était possible d'annihiler *momentanément* l'action de la puissance attractive, ainsi que l'on supprime l'air, en faisant le vide dans un récipient, au moyen de la machine pneumatique, la matière devenant de la sorte, on pourrait dire, corps simple, attendant l'action d'un courant quelconque, plus ou moins faible, la preuve de ce que nous avançons pourrait être facilement acquise.

Pour nous, ainsi que nous disons au chapitre IXᵉ :

Le premier phénomène qui se produit est le phénomène du poids, corps composé de visible et d'invisible.

Pour notre nature, *à nos sens,* la matière ne peut être que : poids.

XVIIe CHAPITRE

QUELQUES RÉFLEXIONS

SUR LA LOCOMOTION DES BIPÈDES ET DES QUADRUPÈDES

Nous avons dit :

« **Tous** les êtres à organes locomoteurs ont
« le pouvoir d'utiliser, selon leur volonté, (1) le
« mouvement qui est *d'ordre physique.* »

Citons quelques exemples sur ce fait si merveilleux et très-saisissable sur les bipèdes, par-
ticulièrement.

Voyez le pigeon marcher, remarquez bien
que ce mouvement si gracieux qu'il exécute
constamment d'arrière en avant, avec le cou
plus ou moins allongé, mouvement qui se re-
produit chaque fois qu'il lève une patte, n'est
pas (d'après l'ordre naturel) pour se donner de
l'importance, mais bien pour se donner (par
l'effet du mouvement organique) l'élan indis-

(1) Action de vouloir chez les animaux.

pensable qui sollicite constamment le mouvement d'ordre physique lui donnant le pouvoir de translation pour se porter en avant.

Sans le mouvement constant d'élan d'ordre organique qui, chaque fois, porte en avant de plus d'un pouce l'encolure, la tête et le bec, la translation du corps par lui-même ne pourrait être. Nous devons ajouter cette remarque :

C'est que la partie extrême de l'encolure (la tête et le bec) est de nature plus dense, et par cela plus entraînante.

Cet exemple s'applique exactement au coq, à la poule, et généralement aux bipèdes emplumés.

Passons aux quadrupèdes :

Admirez ce cheval au rein court, aux larges jarrets, aux épaules saillantes en avant, à l'encolure bien développée, de longueur suffisante, plutôt un peu longue, à la tête petite, bien attachée, se maintenant le front presque droit, légèrement oblique en avant :

Remarquez sa marche, son trot, son galop :

Ah !... celui-là ne craint pas les longues étapes ; il semble qu'il comprend instinctivement que le mouvement organique est pour lui une récréation ; car, avec une telle conformation, le mouvement organique qui, seul, produit la fatigue, a pour mission d'entretenir seulement les plans d'un corps de proportions parfaites dans une inclinaison permanente et exacte se reposant entièrement sur le travail (toujours d'une rigueur absolue) du mouvement physique actif qui, moteur d'ordre universel, ne peut que venir en aide sans accroître la fatigue.

Les chevaux ainsi conformés et menés avec raisonnement, durent très-longtemps.

Mettons en regard le malheureux cheval de conformation défectueuse, à encolure courte, tête grosse, mal attachée, reins longs (et bien qu'ayant d'assez bons jarrets) ; voilà un véritable martyr du mouvement physique.

Ne sachant comment s'aider de ce mouvement, que fait-il ? Il porte, tant qu'il peut le faire, la tête au vent pour allonger son encolure, et par cela, alléger le plus possible le poids très-gênant de son arrière-main trop allongé ; il fait des efforts constants pour réparer les torts de la nature, il n'avance pas, il fatigue et transpire abondamment.

Il piétine sur lui-même, et il ne peut en être autrement, puisque les plans de sa conformation vicieuse ne sont nullement inclinés obliquement à divers degrés, mais se présentent, au contraire, en une masse uniforme, ce qui, par l'effet de la puissance attractive sur ces plans, fixe constamment et également vers le sol le corps dans toute sa longueur et d'une manière régulière.

De cet effet résulte l'équilibre, et l'équilibre c'est le repos.... c'est l'état de station.... c'est l'arrêt.

Cette conformation, qui fait un très-mauvais service, se détériore promptement.

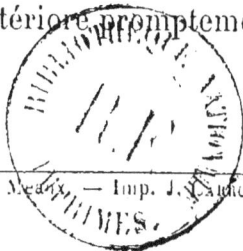

Meaux, — Imp. J. Carro.